# RAPPORT

DE M. GUILLEMIN, D.-M., AIDE DE BOTANIQUE

AU MUSÉUM D'HISTOIRE NATURELLE,

A M. le Ministre de l'Agriculture et du Commerce,

## SUR SA MISSION AU BRÉSIL

Ayant pour objet principal des recherches sur les cultures et
la préparation du THÉ, et le transport de cet arbuste
en France.

PARIS

IMPRIMERIE DE MAULDE ET RENOU,

RUE BAILLEUL, 9-11, PRÈS DU LOUVRE.

1839

# RAPPORT

DE

M. GUILLEMIN, D.-M., AIDE DE BOTANIQUE AU MUSÉUM
D'HISTOIRE NATURELLE,

A M. LE MINISTRE DE L'AGRICULTURE ET DU COMMERCE,

SUR SA MISSION AU BRÉSIL, AYANT POUR OBJET PRINCIPAL
DES RECHERCHES SUR LES CULTURES ET LA PRÉ-
PARATION DU THÉ, ET LE TRANSPORT
DE CET ARBUSTE EN FRANCE (1).

MONSIEUR LE MINISTRE,

Par votre lettre du 28 juillet 1838, vous m'avez chargé
de me rendre à Rio-de-Janeiro à l'effet de m'y procurer
et d'en rapporter des graines et des plants enracinés de
thé, en quantité assez considérable pour que la culture
de ce végétal pût être essayée en grand sur divers points
de la France. Vous avez bien voulu m'adjoindre M. Houlet, jardinier sous-chef des serres-chaudes du Muséum
d'histoire naturelle, afin d'être aidé dans les soins à donner aux résultats matériels de cette mission.

Vous m'avez prescrit de visiter à mon arrivée à Rio-
de-Janeiro, les plantations de thé et d'en étudier avec
soin tous les procédés de culture, ainsi que ceux qui
sont employés pour la récolte et la préparation de ses
feuilles. En me recommandant de m'occuper ensuite
des moyens de me procurer la plus grande quantité
possible de graines, et au moins quinze ou seize cents
plants enracinés, vous avez désiré que l'arrivée en

_(1) Inséré dans la Revue agricole, 16e livraison._

France pût avoir lieu vers le mois de juin 1839 ; à cet effet vous avez sollicité près de M. le ministre de la marine mon embarquement et celui de M. Houlet sur un bâtiment de l'État, et vous m'avez fait donner des recommandations par M. le ministre de la marine au commandant des forces navales au Brésil pour faciliter l'expédition en France des caisses qui contiendraient les thés et leurs graines. En même temps M. le ministre plénipotentiaire de France au Brésil, sur l'invitation qu'il recevrait de la part de M. le ministre des affaires étrangères, devait me donner toutes les facilités qui dépendraient de lui afin de remplir le mieux possible la mission que vous aviez daigné me confier.

Dans le cours de la campagne que je viens d'achever, j'ai eu l'honneur de vous transmettre par mes lettres des 17 novembre 1838, 27 février, 22 mars et 16 mai 1839, quelques détails sur mes opérations commencées, me réservant de vous soumettre un rapport général sur ma mission dès qu'elle aurait touché à son dernier terme. C'est ce que je m'empresse de faire aujourd'hui que les caisses de thé sont arrivées à Paris, et que vous pouvez leur donner telle destination qui vous paraîtra convenable.

INSTRUCTIONS PRÉPARATOIRES ET DOCUMENS POUR LE VOYAGE. — TRAVERSÉE — VISITES AUX PERSONNES INFLUENTES DE RIO-DE-JANEIRO.

Comme je ne devais m'embarquer que vers le milieu d'août, je profitai de quelques jours qui me restaient à passer à Paris pour prendre des renseignemens importans sur la culture, la préparation et le commerce du thé dans les diverses parties du globe. A cet égard, M. Gaudichaud, de l'Académie des Sciences, qui dans ses voyages de circumnavigation, a visité la plupart des lieux où le thé est cultivé assez en grand pour en faire un objet de commerce, M. Gaudichaud, dis-je, m'a été d'un grand secours. J'ai aussi beaucoup d'obligation à MM. les profes-

seurs du Muséum d'Histoire naturelle, et particulièrement à MM. de Mirbel et Adolphe Brongniart pour
les conseils qu'ils m'ont donnés. La lecture et la commu-
nication de tous les écrits qui ont été publiés sur le thé,
m'ont été généreusement fournies par M. Benjamin De-
lessert, membre de la Chambre des Députés et de l'Académie des Sciences, qui, en outre, a eu la bonté de me cré-
diter près de ses correspondans du Brésil pour tous mes
besoins éventuels. Enfin je recueillis avec soin les documens que M. Wallich, surintendant du jardin de Cal-
cutta et M. Blume, médecin en chef des armées néer-
landaises dans l'Inde, avaient récemment publiés sur les
cultures du thé dans le haut Assam et dans l'île de Java.

Prévoyant que je pourrais rendre au commerce et aux
sciences un grand service, par la détermination exacte
de l'origine et de la nature des diverses denrées impor-
tées du Brésil, je m'adressai à M. Guibourt, professeur
à l'Ecole de pharmacie, qui me remit un cahier de
questions à résoudre sur les bois de construction, d'ébénisterie et de teinture, les gommes, les résines, les bau-
mes, etc., dont on ne connaissait que des noms vulgaires
et pour la plupart défigurés.

Un nouveau procédé, imaginé par M. Ward de Lon-
dres, pour le transport par mer des plantes vivantes ve-
nant des contrées éloignées, avait déjà été tenté avec
succès par M. Wallich. Je pensai que ce serait une occasion favorable d'en faire l'essai comparatif avec d'autres
procédés proposés par les botanistes-voyageurs. Je me
procurai à Brest, une des caisses envoyées par le docteur Wallich, et je la remplis de vingt-quatre variétés très
belles de camellias. Un autre motif me décida à emporter
ces arbustes au Brésil : j'avais l'intention d'en faire présent aux Brésiliens qui me faciliteraient les moyens d'ac-
complir ma mission avec fruit. Je reçus en outre, à Brest,
une caisse de jeunes arbres fruitiers d'Europe, destinés
aussi à faire des présens.

Je m'embarquai le 18 août, à bord de la *Dordogne*, corvette de charge commandée par M. Filhol-Camas; mais le navire fut retenu en rade de Brest jusqu'au 27 août. Notre traversée fut de cinquante-trois jours, pendant lesquels je fis des observations sur les camellias que j'avais à bord. J'eus l'avantage de faire route avec M. Buchet de Martigny, consul-général à Buénos-Ayres, auquel je remis les arbres fruitiers d'Europe, parce que je jugeai qu'ils ne réussiraient pas sous le climat brûlant de Rio, et qu'ils s'accommoderaient mieux des régions riveraines de la Plata, dont les conditions climatériques sont analogues à celles de nos contrées européennes.

Arrivé à Rio-de-Janeiro, je m'empressai de visiter les personnes qui pouvaient me fournir des renseignemens sur les cultures de thé au Brésil. Indépendamment des lettres officielles que vous m'aviez données pour M. le baron Rouen, ministre plénipotentiaire de France, je m'en étais pourvu d'autres, non moins efficaces, de la part de M. Auguste Saint-Hilaire qui a laissé de si honorables souvenirs dans l'empire du Brésil, et dont les écrits jouissent d'une réputation méritée. Parmi les personnes de distinction auxquelles M. A. de Saint-Hilaire m'avait adressé, je me plais à citer la famille Lisboa, dont un des membres est aujourd'hui président de la province de Saint-Paul, et avec lequel je désirais avoir des relations directes et essentielles pour le succès de ma mission. — M. Achille Richard, professeur de botanique à la Faculté de Médecine de Paris, avait aussi écrit en ma faveur à M. le docteur Ildefonso Gomes, qui m'a rendu de grands services, ainsi que vous le verrez dans la suite de ce rapport, et auquel je dois la connaissance de M. le docteur Riedel, savant botaniste, chargé depuis vingt ans, par le gouvernement russe, d'explorer le vaste territoire brésilien. — Je serais bien ingrat, si je ne mentionnais pas au nombre de mes protecteurs, M. Théodore Taunay, consul de notre nation, et ses deux frères, MM. Charles et Félix Taunay, l'un major au service du

Brésil, l'autre président de la Société des Beaux-Arts de Rio. — Enfin, je ne tardai pas à me lier avec MM. les docteurs Sigaud et Cuissart, médecins français établis à Rio, qui, ayant des rapports d'amitié avec les hauts personnages du pays, m'ont facilité l'accès près de ceux-ci, et conséquemment ont contribué puissamment au succès de mon entreprise.

Ce serait outrepasser les limites de ce rapport, Monsieur le Ministre, que de vous exposer la série complète de mes occupations pendant les deux premiers mois de mon séjour à Rio. J'élaguerai donc tout ce qui se rapporte à l'histoire naturelle proprement dite, pour vous entretenir seulement de mes investigations par rapport au thé et aux substances commerciales.

## CULTURE, CUEILLETTE ET PRÉPARATION DU THÉ AU JARDIN BOTANIQUE DE RIO-DE-JANEIRO.

M. le baron Rouen me confirma dans les renseignemens sur la culture de cet arbuste à Rio-de-Janeiro, que m'avaient fournis en France M. Gaudichaud et M. Mittre, chirurgien de l'*Hercule*, qui avait accompagné S. A. R. le prince de Joinville lors de son voyage au Brésil. Il m'engagea d'abord à visiter le jardin botanique établi près du lac de Freytas, dirigé par le docteur Bernardo Jose de Serpa-Brandao. Je m'y rendis le 28 octobre, accompagné de MM. V. Lisboa et J. Texeira, amis de M. A. de Saint-Hilaire, qui me présentèrent au directeur, et le disposèrent en ma faveur. Le présent que je lui fis d'une partie de mes camellias augmenta ses bonnes dispositions ; mais je regrettai beaucoup de n'avoir pas apporté des livres de botanique ou d'horticulture qui, je pense, lui auraient été encore plus agréables. En conséquence, je me proposai d'écrire au plus tôt à mes amis de Paris pour réparer cet oubli. Ce qui restait de mes camellias fut remis par M. Rouen, de ma part, à M. Paul Barbosa, intendant de la cour, pour être cultivés dans le jardin impérial de Saint-Christophe.

M. B. de Serpa Brandao m'invita à venir souvent le voir, et me promit de me montrer tous les détails de la culture, de la récolte et de la préparation du thé.

Le 30 octobre, M. le comte Eugène Ney me mit en relation avec M. Alchorne, directeur de la Compagnie anglaise pour la navigation du Rio-Doce, qui se trouvait momentanément à Rio-de-Janeiro, et qui me donna des détails importans sur la culture du thé à Ouropreto (province de Minas Geraes).

Je sus par lui qu'elle avait parfaitement réussi dans le jardin botanique de cette ville, dirigé par M. Vasconcellos. M. Alchorne m'engagea à aller passer quelques jours chez M. March, anglais habitant la Serra dos Orgaos, à deux journées de Rio, où il y a des cultures de thé. M. Th. Taunay me donna aussi des lettres de recommandation pour Granjean de Montigny, architecte français, dont les loisirs sont consacrés à l'agriculture, et qui s'est livré à la culture du thé dans sa maison de campagne, près du jardin de botanique.

Pour exécuter avec fruit le plan que je m'étais proposé, je pris un logement à Santa Theresa, localité fort agréable, près de Rio, et admirablement située pour être à portée des établissemens que j'avais à visiter. Un petit jardin annexé à la maison devait me fournir les moyens de déposer les plants de thés que j'aurais obtenus et de faire des semis.

Dans le courant de novembre, malgré quelques légères indispositions causées par le climat du Brésil, je parcourus sans relâche tous les environs de la ville de Rio, dans un rayon de deux à trois myriamètres. Je dirigeai principalement mes pas du côté des montagnes de Tijuka et de la Gavia, dont les charmans vallons sont remplis de belles habitations où l'on cultive, avec le café, qui est le produit le plus important, toutes les plantes utiles des pays équatoriaux.

Le 15 novembre, j'ai observé la cueillette de la feuille du thé, opérée par des noirs esclaves qui étaient en général des femmes et des enfans. Ils enlevaient avec discernement les feuilles tendres, d'un vert pâle, se servant de l'ongle pour couper le jeune bourgeon foliifère un peu au dessous de la première ou de la deuxième feuille développée.

Un champ entier avait déjà subi l'opération, et ne présentait que des thés absolument dépourvus de feuilles. Le directeur me dit que la plante n'en souffre nullement, et que la récolte des feuilles peut devenir permanente, en la régularisant de manière que les feuilles soient repoussées sur les plants les plus anciennement dépouillés au moment où l'on achève la défoliation des derniers plants. On cultive environ douze mille pieds de thés dans le jardin; ils sont disposés régulièrement en quinconce, et à la distance d'environ un mètre les uns des autres. La plupart ont un aspect chétif et rabougri qui dépend probablement de la mauvaise exposition dans un fonds, au niveau de la mer, frappé directement par les rayons d'un soleil ardent, et peut-être aussi de la qualité du sol dont la composition m'a paru néanmoins ressembler à celui du reste de la province de Rio-de-Janeiro. Ce sol très argileux et fortement coloré par du tritoxide de fer, se forme par la décomposition des roches de gneis et de granit. J'ai souvent observé tous les passages de la transformation de la roche en terre végétale; mais selon l'inclinaison du terrain, et peut-être aussi par l'effet d'autres circonstances que je n'ai pu apprécier, le sol devient plus ou moins argileux, sablonneux ou ferrugineux. Ainsi, lorsque les eaux pluviales ont fortement lavé le terrain et qu'elles ont pu s'écouler rapidement, comme cela arrive dans les pentes très raides, l'argile, sous forme pulvérulente, a été entraînée la première, et le quartz très divisé, ou le sable, domine alors dans le terrain qui néanmoins n'est pas frappé d'une complète stérilité; car, sous ce sable, il y a une couche profonde de terre argileuse mêlée d'humus provenant du détritus des corps organisés. Le sol du jardin botanique n'est pas dans ce cas : il retient à sa surface beaucoup d'argile et d'oxide de fer, ce qui le rend très compacte, et assimilable aux terres fortes de France.

Je rencontrai chez M. le baron Rouen, dans la soirée du 16 novembre, M. le chargé d'affaires d'Autriche qui me donna de nouveaux renseignemens sur la culture du thé au Brésil, et m'engagea vivement à faire un voyage à Saint-Paul où existent des cultures en grand de cet arbuste. En conséquence de ces renseignemens, j'eus l'honneur de vous adresser le 17 novembre 1838 un exposé sommaire de mes travaux, et de vous faire part de mes projets ultérieurs.

Profitant des bonnes dispositions à mon égard de M. Brandao, directeur du jardin botanique, j'acceptai le rendez-vous qu'il me donna pour le 20 novembre, à l'effet d'y voir exécuter toutes les opérations de la préparation du thé.

La cueillette des feuilles avait été faite dès le matin, et il y en avait deux kilogrammes qui étaient encore couvertes de l'humidité de la rosée. On les a mises dans un vase en fer bien poli, de la forme d'une grande terrine très évasée, et posé sur un fourneau en maçonnerie. Le feu allumé et entretenu avec du bois, a porté la chaleur du vase à une température voisine de celle de l'eau bouillante. Un nègre, après avoir lavé ses mains, remuait continuellement le thé dans tous les sens, jusqu'à ce que l'humidité extérieure étant complétement dissipée, la feuille eût acquis une souplesse semblable à celle d'un chiffon de linge, ou qu'une pincée de feuilles roulées dans le creux de la main eût pris la forme d'une boulette non susceptible de se déformer. En cet état, on a divisé la masse du thé en deux portions, que deux nègres ont placées sur une claie formée de lanières de bambous planes et à angles vifs. Ils ont malaxé et remué le thé pendant un quart d'heure, opéra-

tion qui demande une certaine habitude, et qui influe
beaucoup sur la beauté des produits. On ne saurait la
décrire, car les mouvemens de la main sont très rapides,
très irréguliers, et la pression exercée par le rouleur est
une affaire de tact qui varie selon les individus ; en général les jeunes négresses sont plus aptes à cette manipula-
tion que les nègres âgés.

En même temps que la torsion et l'enroulement des
feuilles se sont opérés, le suc verdâtre des feuilles s'est
exprimé à travers la claie. Le thé doit être soigneusement
purgé de ce suc âcre et même, dit-on, corrosif ; la ma-
laxation par masses de feuilles a donc autant pour objet
de chasser complètement ce suc en brisant le parenchyme
de la feuille (ce que ne produirait pas la roulure de la
feuille isolée), que de disposer le thé à l'enroulement et
d'accélérer le travail.

Les masses de feuilles étant ainsi roulées, on les a re-
mises dans la grande terrine de fer jusqu'à ce que la
température se fût élevée au point que la main ne pouvait
supporter la chaleur du fond du vase. Les nègres ont
agité sans cesse, en séparant les feuilles, les soulevant et
les faisant sauter pour multiplier les surfaces, jusqu'à
parfaite dessiccation. Ce travail a duré près d'une heure,
et il a fallu de la part des manipulateurs une grande pres-
tesse, d'abord pour ne pas se brûler les mains, ensuite
pour empêcher que les feuilles ne s'attachassent au fond
du vase par l'effet de la grande chaleur qu'un feu dirigé
inconsidérément y dégage. — On obvierait à ces inconvéniens en se servant d'un bain-marie, soit à l'eau pure,
soit à l'eau salée, pour augmenter au besoin la température dans laquelle on maintiendrait la terrine, et en employant une spatule de fer appropriée à l'opération pour
diviser les masses de feuilles, les remuer et les faire voltiger. Malgré le défaut que je viens de signaler, l'enroulement et la dessiccation des feuilles ont eu un plein succès : elles se sont crispées de plus en plus, et elles ont

conservé leur forme roulée , à l'exception de quelques
unes qui étaient trop vieilles et conséquemment trop
coriaces pour se prêter à cet enroulement.

On a mis alors le thé sur un crible ou tamis à larges ou-
vertures (environ 3 millimètres carrés) très égales entre
elles, et formé de lanières plates de bambous. Les feuilles les
mieux roulées, provenant des extrémités des bourgeons et
de celles qui étaient les plus tendres, ont passé à travers
le crible. On les a vannées pour en séparer les fragmens
de feuilles non roulées qui auraient pu passer en même
temps, et on a obtenu ce qu'on nomme *thé Impérial* ou
*thé Uchim*. Ce thé a de nouveau été remis dans la terrine,
jusqu'à ce qu'il eût acquis une couleur plombée grisâtre
qui attestait sa complète dessiccation. On l'a vanné, et on en
a séparé à la main les feuilles défectueuses qui avaient
échappé au vannage et au criblage. Le thé, résidu de ce
premier criblage, a été chauffé de nouveau, vanné et
criblé; il a fourni le *thé Hyson fin* ou *du commerce*. La
même opération, pour le résidu de ce thé Hyson fin, a
donné le thé *Hyson commun*, et ensuite, pour le résidu de
ce dernier, le *thé Hyson grossier*. Enfin les feuilles bri-
sées et non roulées qui sont les résidus des derniers vannages, fournissent les thés dits de *famille*, dont l'un supérieur en qualité porte le nom de *Chuto*, et l'autre infé-
rieur celui de *Chato*. Ces dernières sortes ne sont pas
livrées au commerce, et se consomment dans l'intérieur
des familles de cultivateurs de thés. M. Brandao a eu la
bonté de me donner tous les produits de ces opérations,
dont j'ai rapporté des échantillons destinés à vous être
présentés.

Telle est la méthode de préparation usitée à Rio-de-
Janeiro. — J'ajouterai que le jardin de botanique devant
servir de modèle pour les cultures et préparation de thés,
on apporte dans cet établissement plus de soin que chez
les propriétaires cultivateurs, et que par conséquent il ne
faut pas juger du thé brésilien en général par celui du

jardin de Rio. Ainsi on m'a assuré qu'à Saint-Paul, chaque cultivateur a sa méthode particulière qui influe nécessairement sur la qualité des produits. Il était donc nécessaire que je visitasse cette province, afin d'atteindre le but essentiel de ma mission, celui de connaître exactement l'état de la culture et de la fabrication du thé, considéré comme marchandise commerciale.

## DÉMARCHES POUR OBTENIR DES PLANTS ET DES GRAINES DE THÉ.

Dès mon arrivée au Brésil, je n'avais pas perdu de vue un seul instant la partie de vos instructions qui me prescrivait de me procurer des plants et des graines de thé en abondance. Mais, à raison de ce que j'avais observé au jardin de Rio-de-Janeiro, il me semblait bien difficile d'obtenir des plants convenables pour l'exportation. Presque tous ceux que l'on y cultivait étaient beaucoup trop grands pour être transplantés; d'ailleurs ils auraient occupé trop de place dans les caisses, ce qui m'aurait obligé à en diminuer considérablement le nombre. D'après tout ce que j'entendais dire des cultures de Saint-Paul, je ne tardai pas à me rassurer, et j'eus lieu d'espérer que je rapporterais de ce pays des plants en parfait état pour pouvoir être transplantés, et en nombre assez considérable pour en faire un envoi suffisant. Toutefois, dans la crainte que cette ressource vint à me manquer, je m'assurai de la bonne volonté de M. Brandao pour obtenir des rejetons de thés faciles à séparer de leurs pieds-mères, quoique la reprise de ces *séparages* fût très chanceuse; et en même temps, je lui demandai une grande quantité de graines récemment récoltées, pour en faire des semis dans notre petit jardin de Santa Thérésa, à Rio-de-Janeiro. M. Brandao m'accorda cette demande de la meilleure grâce du monde, et dès le 12 décembre je le priai de remplir sa promesse. Je rapportai du jardin botanique environ un millier de graines bien saines et parfaitement mûres,

ce que l'on reconnaît facilement à la couleur brune vio-
lette de leur tégument, et M. Houlet se mit aussitôt à préparer un terrain pour faire le semis de ces thés. Comme la
terre était excessivement argileuse et dure, il fallut la
bêcher, l'ameublir et la fumer; en un mot, nous ne négli-
geâmes aucun soin pour assurer la réussite de ces semis.

RECHERCHES SUR L'ORIGINE ET LA DÉTERMINATION DES BOIS DE TEINTURE
ÉCORCES MÉDICINALES ET DROGUERIES, — ACQUISITION DE BOIS DE CONSTRUC-
TION, D'ÉBÉNISTERIE, ETC.

Le mois de décembre fut excessivement chaud et pluvieux.
Je ne laissai pas écouler une seule journée de beau temps,
sans aller visiter les maisons de campagne des environs de
Rio-de-Janeiro, où il y avait quelque chose à apprendre par
rapport aux thés ou aux produits végétaux qui pouvaient
intéresser le commerce et l'industrie. En parcourant les
magnifiques forêts vierges qui me fournissaient tant de
belles plantes pour l'ornement des serres du Muséum d'Histoire naturelle et pour les études des botanistes, j'y dé-
couvrais l'origine d'un grand nombre de bois précieux pour
la teinture et l'ébénisterie, et d'une foule de substances
employées dans la droguerie. C'est ainsi que je m'assurai par moi-même, en récoltant des échantillons de bois
avec leurs feuilles, fleurs et fruits, de la détermination
botanique des bois connus sous les noms de *Palissandre*
ou *Jacaranda*, *Gonzalo-Alvez*, *Vinhatico*, et d'une foule
d'autres qui sont actuellement d'une importance telle
que nos navires du Havre et Bordeaux en rapportent des
chargemens considérables.

Il était bien singulier, je dirai même honteux pour la
science, que ces arbres, si éminemment utiles, fussent
moins connus que la plupart des plantes sans utilité pour
la société et presque sans intérêt pour les recherches
scientifiques. L'origine de certains bois de teinture, en tête
desquels je citerai le fameux bois de Brésil, était encore
un sujet de contestations entre les naturalistes, et la solution

de cette question n'était pas indifférente pour le commerce depuis que des négocians, dont je ne crois pas prudent de divulguer les noms, avaient compromis leur fortune par des spéculations sur ce bois que, dans leur ignorance botanique, ils croyaient fourni par un autre arbre de la même famille et presque absolument semblable au véritable bois de Brésil, objet de monopole que s'est attribué le gouvernement Brésilien. — Grâce aux documens que j'ai recueillis, soit sur la nature vivante, soit près des personnes instruites de Rio-de-Janeiro, parmi lesquelles je citerai MM. les docteurs Riedel, Ildefonso Gomes, Sigaud et Guissart, et M. Soulié, pharmacien, j'ai pu aussi constater définitivement l'origine de diverses écorces douées de propriétés médicinales très énergiques, telles que celles dites *Pao-Pereira*, *Casca da Anta*, *Fedegoso*, *Parahyba*, *Paratudo*, etc. J'ai rapporté la plupart de ces produits dont j'ai remis des échantillons à M. le professeur Guibourt, pour être conservés dans les collections de l'Ecole de pharmacie.

Dans mes excursions, j'eus souvent occasion d'observer l'extraction du véritable baume de Copahu, découlant au moyen de larges entailles pratiquées aux troncs des *Copaifera*, arbres très élevés qui existent épars dans les forêts des montagnes des environs de Rio. Je recueillis également des morceaux de résine Copal sur les troncs et au pied de l'*Hymenæa Courbaril*. M. Riedel me fit remarquer une espèce véritable de *Cinchona*, croissant dans les montagnes de Tijuca et qui fournira probablement une écorce de quinquina aussi fébrifuge que les quinquinas du Pérou, à en juger par l'analogie botanique de cet arbre avec ceux que produisent ces derniers. Afin de constater ce point important de matière médicale et commerciale, j'ai déposé au Muséum d'Histoire naturelle de Paris, un échantillon en fleurs de ce *Cinchona* qui a été récolté par M. Riedel, ainsi que de nombreux échantillons de l'arbre dont l'écorce est connue sous le nom très impropre de quinquina de Rio, et qui appartient à un genre distinct des *Cinchona*. Enfin, pour mettre un terme aux citations de mes trouvailles, je me contenterai d'ajouter que j'ai rencontré fréquemment dans les environs de Rio-de-Janeiro, l'*Ilex Paraguariensis* de M. Auguste Saint-Hilaire, arbuste identique avec celui que les Jésuites ont planté en quinconce dans les missions du Paraguay, et dont les feuilles sont un objet considérable de commerce dans toute l'Amérique méridionale espagnole, sous le nom de *thé du Paraguay*. J'ai rapporté un plant vivant de cet arbuste que j'ai déposé au Jardin du Roi, en même temps qu'une espèce de *Vanille*, et une grande quantité de plantes rares ou intéressantes.

J'ai employé les jours pluvieux du mois de décembre à étudier et déterminer, avec l'assistance de M. Riedel, une immense collection de plantes sèches et de divers produits végétaux, que j'acquis d'un naturaliste danois, (M. Claussen) qui avait séjourné pendant deux années sur les bords du Rio San Francisco. A cette collection était jointe une autre de la plus haute importance, qui consistait en bois de construction, d'ébénisterie et de teinture avec les échantillons munis de feuilles, fleurs et fruits propres à leur détermination botanique. Ces collections font maintenant partie des richesses du Muséum d'Histoire naturelle.

#### SEMIS DE THÉS.

Dans les premiers jours de janvier 1839, M. Houlet fit de nouveaux semis de thés, non seulement en pleine terre dans notre petit jardin, mais encore dans des terrines, afin de faciliter l'enlèvement des jeunes plants et leur transplantation dans les caisses. La chaleur étant excessive, nous achetâmes des nattes destinées à les protéger contre l'ardeur du soleil, et nous multipliâmes les arrosemens. Un grand nombre de graines que nous avions semées un mois auparavant avaient levé; mais comme la terre était trop compacte, toutes n'avaient pas réussi : en conséquence nous avons dû faire choix d'une terre plus légère.

VOYAGE DANS LA PROVINCE DE SAINT-PAUL. — VISITES AUX PROPRIÉTAIRES-CULTIVATEURS DE THÉ. — CULTURE ET PRÉPARATION DU THÉ DANS CETTE PROVINCE. — FRAIS DE CULTURE ET DE FABRICATION.

C'est à cette époque que, sur l'invitation de M. le baron Rouen et de M. le comte Ney, je devais me rendre près d'eux à la Serra dos Orgaos pour y visiter les plantations de thé de M. March ; mais j'en fus empêché par une maladie qui heureusement n'eut pas de suites graves, et je remis cette partie à mon retour du voyage de Saint-Paul, que je fixai au 15 janvier. Ayant besoin de l'assistance de M. Houlet pour donner des soins aux plants de thé que j'espérais obtenir des cultivateurs de Saint-Paul, je me déminai à le faire voyager avec moi, quoique nos semis de Rio-de-Janeiro réclamassent sa présence dans cette dernière ville ; mais M. Pissis, ingénieur et géologue français avec lequel je m'étais lié intimement, m'offrit si obligeamment d'avoir soin de nos semis et de nos collections, que je n'eus plus de crainte à cet égard. Plusieurs personnes influentes de la capitale du Brésil s'empressèrent de me donner des lettres de recommandation pour les propriétaires cultivateurs de Saint-Paul ; mais c'est à MM. les docteurs Cuissart et Sigaud que j'eus, sous ce rapport, les plus grandes obligations. La famille de M. Venancio Lisboa, écrivit en ma faveur au gouverneur de la province qui, comme je l'ai dit plus haut, est un de ses membres. M. Riedel me traça un itinéraire très détaillé de la route et des observations qu'il y avait à y faire. Enfin M. Ildefonso Gomes me donna une preuve touchante de sa bienveillante amitié, en abandonnant pour quelques temps sa nombreuse clientèle médicale, et voulant bien me servir à la fois d'introducteur et d'interprète près des personnages auxquels j'étais recommandé.

Nous partîmes le 15 janvier sur un bateau à vapeur qui

en deux jours nous transporta à Santos, port principal
de la province de Saint-Paul. Nous traversâmes, avec des
caravanes de mules, la grande chaîne nommée Serra
do mar, et nous arrivâmes à Saint-Paul le 19 janvier. Dès
le lendemain, M. Ildefonso Gomes, accompagné de son pa-
rent M. d'Azembuja, avocat qui a fait ses études à Paris,
me présenta successivement à MM. V. Lisboa, gouverneur
de la province, Raphaël d'Araujo Ribeiro, frère de M. le
ministre brésilien à Paris, et au major da Luz, riche propriétaire du pays. Nous fûmes parfaitement accueillis par
ces messieurs, grâce à la chaleureuse recommandation de
mes introducteurs qui leur firent sentir que ma mission
n'avait rien de préjudiciable à leurs intérêts, et qu'il était
dans les convenances d'user de réciprocité envers la nation française qui s'était toujours montrée si prévenante
envers les étrangers, et surtout envers les Brésiliens.
Nous allâmes ensuite faire visite à M. Vergueiro et da
Costa Carvalho, ex-régens de l'empire, pour lesquels
MM. Sigaud et Cuissart m'avaient remis des lettres;
mais ils étaient alors absens de Saint-Paul. Prévoyant que
mon séjour dans cette ville pourrait se prolonger jusqu'à la mi-février, je pris un logement dans la seule hô-
tellerie qui y existe, tenue par un français qui me traita
avec tous les égards dus à un compatriote.

M. Ildefonso Gomes et M. Barandier, peintre d'histoire,
que le désir de voir des peuples nouveaux avait déter-
miné à se faire mon compagnon de voyage, voulurent
bien être de la partie dans la visite que je fis le 21 janvier
à M. Feijo, ex-régent de l'empire et président actuel du
sénat. Nous trouvâmes ce vénérable ecclésiastique à sa
maison de campagne, située à deux lieues de la ville. Il
nous conduisit aussitôt dans ses plantations de thé, et il
fit exécuter sous mes yeux les diverses préparations de la
feuille. On opéra sur environ trois kilogrammes de feuilles fraiches, résultat de la récolte de la veille. Toutes les
feuilles tendres, flexibles et non cassantes, avaient été

cueillies avec la pétiole et l'extrémité terminale de chaque
bourgeon. Un nègre a placé le thé dans une terrine de
fer bien polie, fabriquée aux Etats-Unis, à peu près semblable à celles que j'avais vues au jardin de Rio, c'est-à-
dire, ayant environ un mètre de diamètre et trente centi-
mètres de profondeur. Il y a ajouté un peu d'eau, probablement pour empêcher la feuille de brûler, car la terrine
avait été chauffée outre mesure. Lorsque la feuille a été
suffisamment *cuite*, trois négresses l'ont roulée sur une
claie de bambous absolument comme à Rio, avec cette
différence seulement qu'elles malaxaient leur tas avec
plus d'adresse et dans tous les sens possibles. Elles ont
ensuite pressé entre leurs mains la feuille ainsi malaxée,
retournée et roulée, et elles ont exprimé le suc dans un
vase. On a remis les tas de feuilles dans la terrine, et
un nègre les a fait dessécher en agitant continuellement
avec la main. Cette agitation n'était pas assez rapide et le
feu n'était pas assez bien ménagé pour que le thé ne s'at-
tachât pas, du moins en partie, aux parois de la terrine ;
défaut d'attention qui doit nécessairement nuire à la qualité du thé. Enfin quand le thé a été parfaitement sec, on
l'a retiré de la terrine, et on l'a placé dans une boîte pour
le mettre à l'abri de l'air et de la lumière. — M. Feijo m'a
dit que c'était là toute la préparation usitée à Saint-Paul,
mais que, lorsqu'on voulait définitivement le conserver
dans des caisses hermétiquement fermées, on lui faisait
subir une nouvelle dessiccation sur le feu.

Les plantations de M. Feijo qui entourent sa chagara (1)
sont assez considérables ; il peut y avoir vingt mille pieds
qui m'ont paru très vigoureux et de divers âges, la plupart
ayant six à huit ans. — Ces thés sont plantés en lignes ré-
gulières à environ un mètre de distance d'un plant à l'autre, et à un mètre et demi entre les lignes. Le sol est excellent, argileux-ferrugineux, comme l'est en général celui

(1) Maison de campagne entourée de jardins et de vergers.

des environs de Saint-Paul.—M. Feijo m'a conduit ensuite dans les autres parties de son domaine, où j'ai remarqué un assortiment complet de charrues européennes et d'autres instrumens aratoires.—Le soir même de ce jour, j'ai visité le jardin botanique de la ville de Saint-Paul, dont quelques carrés sont consacrés à la culture du thé ; mais je ne sache pas qu'on y fasse la préparation de la feuille.

M. le major da Luz m'avait invité à venir voir ses plantations de thé à sa campagne près de Nossa Senhora da Penha. Je m'y rendis le 27 janvier, accompagné de MM. Barandier et Houlet. Les cultures de ce propriétaire sont admirablement entretenues. Le sol à peine incliné était anciennement inondé; il a été desséché aux moyens de travaux immenses par M. da Luz. La nature du sol est moins argileuse qu'ailleurs, et la grande quantité de détritus végétaux qui restent de l'ancien terrain en friche, lui donne l'apparence d'un sol richement fumé. Aussi les plants de thé ont-ils une vigueur que je n'ai pas remarquée ailleurs : presque tous atteignent la hauteur de deux à trois mètres. Ils sont bien alignés et distans entre eux de manière à ce qu'un homme puisse tourner facilement autour de chaque plant. Au dessous des plus grands arbustes, nous remarquâmes avec plaisir une grande quantité de jeunes plants qui avaient poussé naturellement de graines tombées. Nous demandâmes à M. da Luz la permission d'enlever ce que nous pourrions de ces jeunes plants. Malheureusement, une grande partie de la plantation venait d'être nettoyée. Nous ne pûmes observer la préparation de la feuille dans cette fazenda (1), parce que ce jour était un dimanche. M. da Luz me dit que la récolte, quoique non interrompue pendant toute l'année, était néanmoins plus considérable pendant les mois d'août, septembre et octobre, qui sont le printemps de la province de Saint-Paul. Lorsque je fis mes adieux à M. da Luz, il me

(1) On désigne ainsi une exploitation rurale d'une vaste étendue.

montra ses magasins de thé qui m'ont paru très considérables.

M. Raphaël d'Araujo Ribeiro m'ayant fait promettre de passer quelques jours dans la propriété de sa belle-mère, dona Gertrude Galvao e Lacerda, située au pied du Jaragua, montagne fameuse par ses mines d'or, je m'y rendis le 28 janvier, en société de plusieurs Européens et Brésiliens de distinction. J'employai deux jours à visiter en détail cette localité célèbre, où je fus comblé de politesse par le docteur Raphaël et son excellente famille. Non seulement ils me fournirent des mules de transport pour le voyage ; mais ils me donnèrent des lettres pour leurs fermiers de Bras et d'Ypiranga qui avaient l'ordre de mettre à ma disposition des mules et des domestiques, de me faire voir les détails des cultures de thé, et de me laisser enlever les jeunes plants que je désirerais. En revenant de Jaragua à Saint-Paul, je me présentai chez M. le colonel Anastasio, dont la fazenda est au pont de la Tiété. Ce vénérable agriculteur est celui qui, au dire de MM. d'Andrada (Martin-Francisco et Antonio Carlos), possède en ce moment les plus belles cultures et les meilleures fabrications de thé. Il me reçut avec affabilité et me conduisit lui-même dans ses plantations. Elles sont dans l'état le plus prospère, situées derrière les habitations sur une pente légère et dans un terrain bien fumé. Les arbustes sont en général petits, afin de faciliter la cueillette des feuilles. On a eu soin de les tailler en coupant les branches supérieures pour les tenir bas et forcer l'arbuste à se ramifier. Quand on cueille les feuilles, on laisse un certain nombre de bourgeons sur chaque branche. Il peut y avoir dans cet établissement cinquante à soixante mille plants ; mais sur ce nombre, un tiers n'a qu'une année de plantation. Le colonel Anastasio m'a conduit ensuite dans le local où se font les préparations de thé. Tout y est en bon état, et dans un ordre parfait. Les terrines sont en fer, comme chez M. Feijo, et les fourneaux également bas et sans rebords. Comme on a fait un long usage de ces terrines, le fer en est un peu détérioré, probablement parce qu'on a donné souvent de trop forts coups de feu. Un bain-marie au sel préviendrait cet inconvénient en maintenant la température à un degré constant. Les cribles et nattes en taquara (bambou) sont faits avec une sorte d'élégance. En général il règne dans cet établissement une propreté qui fait plaisir à observer et qui dépose avantageusement en faveur des produits. Ceux-ci sont conservés dans un magasin que le colonel nous a montré. Il y avait un grand nombre de vases de fer-blanc à ventre cylindrique, et dont la partie supérieure conique se terminait en goulot fermé par un opercule entrant à frottement. Ces vases qui imitent ceux de nos laitières de Paris, contiennent depuis une demi-arrobe (environ huit kilogr.) jusqu'à trois arrobes (48 kilogr.). S'ils sont tous remplis, je présume que le colonel Anastasio a bien cent arrobes en magasin. Je lui ai fait, avec toute la discrétion possible, quelques questions à cet égard : il m'a dit qu'il ne se pressait pas de livrer ses thés au commerce, il attend qu'on vienne les lui demander, espérant par là, que le thé étant plus long-temps gardé en magasin n'en deviendra que meilleur, et que ne l'offrant pas, sa valeur ne sera pas dépréciée. Je lui parlai ensuite des frais qu'entraînent au Brésil la culture et la fabrication du thé, et il me donna à entendre que ces frais sont très considérables, et que pour retirer un bénéfice raisonnable de la culture du thé, il fallait vendre la livre de la bonne qualité au moins 2,000 reis (environ six francs). En effet, le travail au Brésil se fait entièrement par des esclaves qui, à la vérité, ne coûtent pas fort cher à nourrir, mais qui travaillent le moins possible parce qu'ils n'y ont aucun intérêt. Ces esclaves sont d'ailleurs d'un prix fort élevé et les chances de mortalité, ainsi que le taux exorbitant de l'intérêt de l'argent, augmentent encore leur valeur vénale.

Je reçus, le 31 janvier, de M. le major da Luz, environ trois cents jeunes plants de thé, qu'il avait eu la bonté de faire arracher par ses nègres. Le même jour, je me rendis à Ypiranga, ferme appartenant à dona Gertrude Galvao, et où il y avait un immense terrain planté de thés, dont la culture était négligée ou du moins ne faisait pas un objet de spéculation pour la propriétaire. M. Raphaël d'Araujo Ribeiro m'avait donné une lettre pour le feitor de cette fazenda, et je m'arrangeai avec lui pour qu'il m'aidât à enlever tous les jeunes plants que je désirais. Effectivement j'y suis revenu le 4 février, et M. Houlet, aidé des nègres de la ferme, parvint dans une seule journée à arracher environ *trois mille* jeunes plants qu'il arrangea avec beaucoup de soin dans de grands paniers (*cestos*) de bambous. Pour alléger le poids de ces arbustes, il ne laissa que peu de terre après leurs racines, mais il eut l'attention de bien humecter cette terre avant de fermer les paniers et de recouvrir ceux-ci avec des feuilles de bananiers.

Malgré l'intérêt que m'offrait l'étude des cultures de Saint-Paul, je pensai qu'il n'était pas nécessaire de prolonger plus long-temps mon séjour dans ce pays. Il ne me restait à visiter que l'établissement de feu M. José Arouche de Tolédo Rendon, et je dus mon introduction dans cette belle propriété à M. Clémente Falcao, professeur à l'école de droit, que j'avais rencontré chez M. le président de la province. Depuis la mort de M. Arouche, la chacara est moins bien tenue, quoiqu'elle soit encore la plus importante que j'aie vue sous le rapport des thés. Ceux-ci sont plantés en lignes très distantes entre elles ; les plants sont beaux et grands, formant des buissons d'un mètre à un mètre et demi de hauteur et fort ramifiés. Les intervalles sont plantés en maïs. Les bordures des carrés de ce vaste jardin, qui m'a semblé avoir plus de cinquante hectares, et qui est entouré de belles allées d'*araucaria brasiliensis*, sont composées de petits thés nains que l'on empêche de s'élever en recépant les pieds jusqu'au niveau du sol. Huit nègres seulement sont employés à la cueillette des feuilles ; chaque nègre peut cueillir environ un demi-arrobe (8 kilogrammes) par jour.

DÉPART DE SAINT-PAUL. — VOYAGE A UBATUBA. — RENSEIGNEMENS SUR LE COMMERCE DE CETTE CONTRÉE.

Je partis de Saint-Paul le 6 février au matin. Je m'arrêtai quelque temps à Ypiranga pour faire placer nos thés sur des mules de charge qui devaient les transporter jusqu'à Santos, à travers la grande Cordilière ou Serra do Mar.

Je m'embarquai le 8 février, sur un bateau à vapeur pour Rio-de-Janeiro. Quand nous fûmes en vue de San Sebastian de la terre-ferme, je donnai ordre à M. Honlet de continuer sa route, et lui recommandai d'avoir grand soin de nos thés à son arrivée à Rio, pendant que de mon côté je devais visiter la colonie florissante d'Ubatuba, habitée par des familles françaises qui cultivent avec le plus grand succès le café, et divers autres végétaux utiles. L'un des principaux agriculteurs de ce pays, M. Vigneron de la Jousselandière, possesseur d'une plantation de thés, m'avait vivement engagé à venir le trouver, et m'en avait indiqué le moyen en m'adressant au capitaine Jacintho de Godoi, qui me procura une pirogue et des rameurs. Après la plus agréable navigation dans un archipel d'îles enchanteresses, j'arrivai à Pontagrossa, près d'Ubatuba, où je fus reçu admirablement par MM. Vigneron, Emile et Camille Jan, Robillard, Richer, Gauthier et d'autres planteurs français. Huit jours, que je passai dans leur société, me procurèrent des renseignemens précieux, non seulement sur les cultures et le commerce de la colonie, mais encore sur les arbres qui croissent naturellement dans les forêts vierges de ce beau pays, et qui fournissent des bois utiles pour les constructions, l'ébénisterie et la teinture. J'ai rapporté des morceaux authentiques de plusieurs de ces bois, et j'ai dressé, sous la dictée de MM. Vigneron et Jan, la liste complète de ceux que je n'ai pu me procurer, faute de temps pour les recueillir. — Mon séjour

à Ubatuba m'a mis à même de copier une carte hydro-
graphique des points de la côte que l'amiral Roussin n'a-
vait pu relever, ainsi que le plan de l'excellent port d'U-
batuba. J'ai fait transmettre ce document au Dépôt des
Cartes de la Marine par l'intermédiaire de M. le capitaine
de vaisseau Cécille. Enfin j'ai visité les plantations de thé
de M. Vigneron, qui sont très belles, mais dont le propriétaire ne tire pas de parti actuellement, préférant se livrer à
la culture du café qui donne de grands bénéfices. Il me
permit d'emporter avec moi une grande quantité de jeunes
plants de thé, ainsi que des cacaoyers. Je quittai avec bien
du regret ces excellens colons, et je m'embarquai le 18
février sur une goëlette brésilienne qui me conduisit en
quelques jours à Rio-de-Janeiro.

RETOUR A RIO-DE-JANEIRO. — FABRICATION DES CAISSES DESTINÉES AUX
PLANTS DE THÉ.

A mon arrivée, je trouvai les thés de Saint-Paul plantés
par M. Houlet dans notre jardin de Santa Thérésa. J'y
fis joindre ceux que j'apportais d'Ubatuba. Les plus jeunes
plants avaient presque tous péri par l'effet de la grande
chaleur pendant la route. M. Houlet a fait recouvrir de
nattes ceux qui avaient survécu et leur a donné beaucoup
de soin pour les faire revivre.

Ce fut alors que je vous adressai, Monsieur le Ministre,
une lettre en date du 27 février, dans laquelle je vous tra-
çai une esquisse de mes opérations à Saint-Paul et à Ubatuba. Cependant je commençais à avoir des inquiétudes
pour mon retour en France. Les nouvelles de la Plata
ne faisaient pas présager la prochaine levée du blocus, et
quoique l'on sût à Rio les détails de notre glorieuse expédition contre le Mexique, on cherchait à en affaiblir les
résultats en répandant de faux bruits qui tendaient à
prolonger la résistance de Buénos-Ayres. Néanmoins,
dans l'espoir que des bâtimens expédiés de la Plata
pour la France viendraient toucher à Rio dans le cou-

raut d'avril, et que je pourrais y embarquer mes collections, je vis qu'il était temps de penser à la confection des caisses destinées à les contenir. N'ayant pu m'arranger avec des menuisiers français ou brésiliens parce qu'ils me demandaient une somme exorbitante, je pris le parti d'acheter moi-même le bois et le fer nécessaires pour la fabrication de ces caisses, et de prendre à la journée deux nègres charpentiers qui devaient y travailler d'après mes indications et sous l'inspection de M. Houlet. Mon intention avait d'abord été de fabriquer des caisses à la Ward pour les thés, c'est-à-dire des caisses hermétiquement fermées avec des vitraux en dessus pour laisser arriver la lumière ; mais je fus forcé de renoncer à ce mode de caisse en réfléchissant au prix élevé auquel elles reviendraient ; et d'après l'essai satisfaisant que j'avais fait en mer de la caisse contenant les arbres fruitiers que j'avais remis à M. le consul-général à Buénos-Ayres, il me sembla que des caisses pouvant se fermer ou s'ouvrir à volonté au moyen de panneaux mobiles, rempliraient parfaitement mon but par rapport aux thés qui d'ailleurs demandaient à être de temps en temps visités et arrosés. La fabrication de ces caisses me donna, ainsi que celles du Muséum pour les plantes de serres chaudes beaucoup de peines et de soucis ; mais elle ne nous empêcha pas de faire marcher de front en même temps nos recherches et nos études dans les environs de Rio-de-Janeiro, pendant les mois de mars et d'avril. M. Dumas, de l'Académie des Sciences, m'ayant fait demander des échantillons d'une cire végétale du Brésil dans laquelle il avait trouvé un principe nouveau, et des renseignemens sur l'origine de cette substance, je me mis en devoir de satisfaire complètement à cette demande. Je lui envoyai un morceau de *Carnauba*, substance qui tient en quelque sorte le milieu entre la résine et la cire, et dont les habitans du nord du Brésil font un objet de commerce avec Buénos-Ayres, Montevideo et même avec l'Angleterre. M. le docteur Sigaud me pro-

cura tout ce qui avait été publié au Brésil sur cette substance, ainsi que sur les autres cires végétales de l'Amérique
méridionale. Je fis emplette d'un ouvrage éminemment
utile pour le commerce et l'agriculture du Brésil, récemment mis au jour par MM. Taunay et Riedel, où l'on
trouve un tableau des racines, écorces, bois, fruits,
gommes, etc., du Brésil, avec leurs noms vulgaires et
scientifiques, et de courts renseignemens sur leurs usages.
Cet ouvrage contient en outre des notices sur les cultures
du café, du thé, du coton, et des autres produits colo-
niaux.

PRÉPARATIFS POUR LE RETOUR EN FRANCE SUR LA CORVETTE L'HÉROINE. —
PLANTS ET GRAINES DE THÉ OBTENUS DU JARDIN BOTANIQUE. — SOINS DON-
NÉS PAR M. LE CAPITAINE CÉCILLE AUX CAISSES DE THÉ. — INFLUENCE DE
LA TRAVERSÉE SUR LES PLANTS DE THÉ.

Toujours inquiet pour mon retour en France en temps
utile, c'est-à-dire avant la mauvaise saison, je vous écrivis
le 22 mars, pour vous donner avis que si, dans le courant
de mai, je ne voyais pas arriver un navire de guerre duquel
je pusse profiter, je me proposais de revenir à Toulon ou
à Marseille par un navire du commerce. L'arrivée à Rio,
le 9 mai, de *l'Héroïne*, commandée par M. Cécille, capitaine
de vaisseau, a heureusement rendu inutile cette mesure de
prévoyance. Je me trouvais à cette époque dans la Serra dos
Orgaos où j'avais été visiter les grands établissemens agricoles de M. March, et où je comptais rencontrer encore
des thés disponibles. Je me hâtai de revenir à Rio. Je vis de
suite M. le baron Rouen, et, par sa bienveillante inter-
vention, il fut décidé que M. le commandant Cécille m'em-
barquerait, avec mes collections, sur son navire. Malheureusement nos caisses n'étaient pas encore complètement
terminées, et j'avais encore à faire une visite au jardin
botanique pour obtenir des plants de thé et la plus grande
quantité possible de graines. M. Cécille mit aussitôt à ma
disposition deux charpentiers marins, qui, en quelques

jours firent plus de besogne que mes nègres n'en avaient fait en un mois. Il m'envoya en outre plusieurs matelots pour aider au transport des caisses du haut de Santa Thérésa au lieu d'embarquement. Je fis ma dernière visite au jardin botanique le 16 mai, et j'en emportai *sept cents* jeunes plants de thé, ayant soin de prendre ceux qui étaient pourvus de racines et dont la taille s'élevait à la hauteur de trois à quatre décimètres. J'y réunis au moins *deux mille* graines parfaitement mûres, que M. Houlet sema dans les intervalles des jeunes plants au nombre d'environ trois mille que contenaient les dix-huit caisses pour le ministère du commerce. Enfin, tout étant prêt le 20 mai, je m'embarquai dans la soirée après avoir fait mes adieux aux nombreux amis que je m'étais créés à Rio-de-Janeiro.

C'était un coup d'œil bien agréable pour moi, le lendemain du départ de *l'Héroïne*, que la vue des dix-huit caisses de thés parfaitement arrimées par les soins du commandant. Elles étaient placées dans la batterie, adossées deux à deux entre les pièces à l'exception d'une paire que l'on avait mise au milieu de la batterie ; de cette manière, elles recevaient la lumière par les sabords, et l'on pouvait facilement abaisser les panneaux mobiles en cas de mauvais temps. La vigueur des thés, la belle verdure de leurs feuilles, en un mot l'état prospère de ces plantes que l'on avait admirées à Rio, me faisaient présager pour ma mission les plus heureux résultats matériels. Je ne regrettais plus de ne pas arriver en France par Toulon, depuis que je voyais tout l'intérêt que M. Cécille prenait à mes chères plantes ; car aurais-je rencontré chez tous les officiers de la marine autant de prévoyance et de soins ? Il n'était pas d'ailleurs de toute nécessité que mes thés arrivassent directement dans le midi de la France, puisque plusieurs localités de l'ouest et du centre pouvaient à mon avis en réclamer leur part. Tout semblait donc, lors de mon embarquement, concourir au gré de mes désirs ; mais ce moment de satisfaction fut de bien courte durée, car dès le 29 mai, les vents nous entraînèrent dans le sud en dehors du tropique, la mer devint plus houleuse qu'elle n'a coutume de l'être dans ces parages, et l'on fut obligé de tenir les sabords fermés, de peur d'embarquer de l'eau de mer qui aurait causé un dommage irréparable à nos plantes. L'absence de la lumière pendant les premiers jours de notre navigation est donc la première cause de dépérissement de nos jeunes thés, surtout de ceux qui étaient nouvellement plantés. Quand la mer, moins agitée, permit au bout de plusieurs jours de tenir les sabords ouverts, la brise, en rasant la surface des lames, projetait sur les caisses une rosée très fine d'eau salée qui a sans doute beaucoup nui aux plantes, puisque les caisses exposées au vent ont infiniment plus souffert que celles qui étaient sous le vent. Le 11 juin, étant par 4° 22′ latitude sud, et 32° 6′ longitude ouest, les thés avaient perdu pour la plupart leurs feuilles, et les tiges d'un assez grand nombre étaient desséchées ; mais j'espérais que quelques unes repousseraient du pied. Beaucoup de graines avaient levé ; les jeunes pousses étaient grêles, longues, étiolées et munies de feuilles pâles. Le 2 juillet (latitude nord 24° 36′, longitude ouest 42° 53′), les plus forts plants de thés étaient de plus en plus souffrans; cependant quelques uns avaient poussé des rejetons, et les pieds germés avaient pris une teinte plus verte. Pendant l'exercice à boulet qui eut lieu ce jour-là, M. Cécille pourvut à la sûreté de mes caisses, qui ne se ressentirent pas de ces fortes commotions. Il ordonna que l'on me délivrât deux fois par semaine cinquante litres d'eau pour arroser nos thés. Je cite ce fait comme une grande preuve de la sollicitude du commandant pour mes plantes, puisque, par suite du coulage des pièces à eau, l'équipage avait été strictement rationné à trois quarts de litre par jour.

L'*Héroïne* mouilla dans la rade de Brest le 24 juillet, à
quatre heures du soir. Dès le lendemain, je me présentai
chez M. l'amiral Grivel, préfet maritime, qui n'avait encore reçu aucun ordre du ministre de la marine pour le
transport de mes plantes au Havre. Le même jour, j'eus
l'honneur de vous annoncer mon arrivée en France, et je
vous suppliai, Monsieur le Ministre, de me faire promptement sortir de Brest, soit par un bateau à vapeur, soit par
toute autre voie. Je vous signalais les dangers que cou-
raient nos thés qui dépérissaient à vue d'œil, et que la pro-
longation du voyage fatiguait énormément. Le seul brick de
guerre le *Saumon*, que M. l'amiral pouvait mettre à ma
disposition, avait paru insuffisant à son capitaine et à
M. Cécille, pour le transport de mes collections; je pris
donc le parti (que vous avez bien voulu approuver) de
faire parvenir mes caisses à Morlaix par le roulage, de les
embarquer ensuite sur le bateau à vapeur de Morlaix au
Havre, et de les faire remonter la Seine sur des bateaux
traînés par des chevaux. Pendant le séjour forcé que je fis
à Brest, j'employai mon temps à visiter l'extrémité occidentale du département du Finistère et à en étudier le
climat, le sol et les productions. MM. Crouan, frères, phar-
maciens, et M. Paugam, jardinier de l'hôpital de la marine,
eurent la bonté de m'accompagner dans les localités les
plus importantes à observer. J'acquis la conviction que
nulle part, sur le territoire français, la culture du thé ne serait plus facile que dans certaines localités du Finistère, où
la température, assez douce en hiver, permet d'y cultiver
les camellias en pleine terre, où l'humidité de l'atmosphère produit un développement extraordinaire dans les
feuilles des arbres et arbustes, où le sol, analogue par sa
nature à celui du Brésil, paraît convenir parfaitement au

thé de même qu'aux plantes de petite culture, où enfin la main-d'œuvre, chez une population pauvre et ignorante, serait au meilleur marché possible.

Arrivés à Paris le 28 août, les thés du Brésil ont été déposés au Jardin du Roi. M. de Mirbel a donné l'ordre à M. Neumann, jardinier en chef, de préparer des serres et des couches pour y placer les pieds survivans, lesquels sont au nombre d'environ *quinze cents*, y compris ceux qui proviennent de graines germées. M. Houlet continue à leur donner des soins, et j'ai lieu de croire que, vers le printemps prochain, ils seront aptes à être transportés dans les départemens pour lesquels votre choix sera fixé à cette époque.

Après avoir tracé succinctement l'historique de mon voyage, il me reste, Monsieur le Ministre, à vous présenter un résumé de ses résultats matériels et des renseignemens que j'ai recueillis relativement aux thés du Brésil. J'y joindrai quelques considérations sur les avantages et les inconvéniens, les facilités et les difficultés que pourront présenter la culture de cet arbuste et la préparation de ses feuilles en France.

RÉSULTATS MATÉRIELS DE LA MISSION. — PLANTS ET GRAINES DE THÉ ET AUTRES PRODUITS.

Je m'étais procuré environ *trois mille* plants de jeunes thés que j'avais placés dans dix-huit caisses, et entre lesquels j'avais semé plus de *deux mille* graines bien mûres. Le voyage de mer en a tué *au delà des deux tiers*, de sorte qu'il en reste seulement *douze à quinze cents pieds* qui sont actuellement déposés au Muséum d'histoire naturelle. Ce nombre est précisément celui que vous m'aviez indiqué dans vos instructions; mais je vous ferai observer que mes relations avec le Brésil me permettent de faire venir de ce pays la quantité de plants et de graines de thés qu'on voudra se procurer. Cet envoi ne serait pas fort coûteux; car on pourrait éviter beaucoup de frais qu'il m'a fallu subir, et l'on s'arrangerait de manière à ce que les caisses n'eussent que de faibles dimensions. Je ne crois pas qu'il convienne de faire venir des plants déjà forts ; ils sont trop difficiles à la reprise , et ils tiennent trop de place. Au contraire, de jeunes plants, provenant de graines semées dans des caisses appropriées à cet effet, présenteraient toutes les chances de succès. En attendant, et pour utiliser les plants que j'ai apportés, je les ai confiés aux soins de MM. Neumann et Houlet, qui les ont mis séparément dans des pots, et les ont placés, partie dans une serre tempérée, partie dans des couches pour accélérer leur végétation.

J'ai rapporté plus de *cent cinquante* espèces de bois, recueillis dans les provinces de Rio-de-Janeiro, Saint-Paul et Minas Geraes. La plupart de ces bois ont des usages comme bois de construction, d'ébénisterie et de teinture. Leur origine et leur détermination botanique ont été faites sur les lieux, et peuvent de nouveau être constatées au moyen d'échantillons pourvus de feuilles, fleurs ou fruits, qui se rapportent à ces bois. Je puis aussi mentionner, comme résultat de mon voyage, la belle collection de bois propres aux constructions, recueillis à la Nouvelle-Zélande, par M. le capitaine de vaisseau Cécille, qui m'en a fait généreusement l'abandon, et que j'ai donnés au Muséum d'histoire naturelle.

Un grand nombre de produits végétaux, consistant en gommes, résines , écorces, racines, etc., dont la détermination exacte était fort importante pour le commerce de la droguerie, ont été remis à M. Guibourt, professeur à l'école de pharmacie, qui les placera dans les collections de cet établissement.

Le plan du port d'Ubatuba et de la côte qui avoisine cette colonie intéressante pour le commerce en général, et le commerce français en particulier, puisque c'est à des Français qu'elle doit sa propriété naissante, a été remis au dépôt des cartes de la marine.

Dans le court espace de sept mois, j'ai visité presque tous les établissemens de culture de thés qui existent dans les provinces de Rio et de Saint-Paul. Je vais tracer un aperçu général du climat et du sol de ces contrées, de la culture des thés et des travaux que ceux-ci occasionnent, mais qui ne varient pas sensiblement d'un établissement à l'autre.

Le climat du Brésil semble très approprié à la culture du thé ; j'ai vu prospérer cet arbuste dans les localités les plus chaudes, comme, par exemple, celle du jardin botanique près du lac de Freytas (1). Si les carrés de ce jardin consacrés à l'exploitation du thé, ne renferment que des plants d'apparence assez chétive, cela tient à des causes particulières, peut-être à leur exposition trop près du voisinage de la mer et à la nature du sol, car dans la partie du jardin qui avoisine les ruisseaux d'eau courante, et où se voient de belles pépinières d'arbres exotiques, on observe des thés très vigoureux. Cependant le climat plus frais de Saint-Paul, et de la Serra dos Orgaos m'a semblé plus favorable aux thés dont la vigueur y est admirable. On m'a assuré qu'à *Ouro-Preto* (Minas Geraes), ils étaient également beaux. A en juger par les plantes européennes qui réussissent dans ces dernières contrées, celles-ci ont de l'analogie, sous le rapport du climat, avec nos départemens méridionaux. Quoique je me trouvasse à Saint-Paul dans le

(1) D'après les observations de M. Pissis, la température moyenne à Rio-de-Janeiro est de 23° 5' thermomètre centigrade au niveau de la mer.

La température du sol est de :

à la surface........... { maximum, 45° au soleil. / minimum, 13° pluies d'août.
à 2 décimètres de profondeur........ { maximum, 39° / minimum, 16°
à 1 mètre id..................... 23° 5'
à 5 mètres id..................... 23° 5'

milieu de l'été, je ne fus pas incommodé par la chaleur, et il me semblait que j'habitais l'Europe méridionale. C'est un effet non seulement de la latitude ; mais encore de la plus grande hauteur du plateau de cette province.

Le sol cultivable du Brésil est généralement argileux, ferrugineux, provenant de la décomposition des roches de gneiss granitique, et plus ou moins pénétré d'humus. Ce terrain qui a ses analogues dans les terres fortes des départemens de l'ancienne Bretagne, convient parfaitement aux thés. Je les ai vus cultivés à plusieurs expositions différentes, ce que permet la douceur des brises de ces contrées ; mais ils paraissent s'accommoder le mieux de l'exposition au soleil sur le penchant des coteaux. Cette exposition influe-t-elle sur la qualité des produits ? C'est ce qu'on n'a pas su, ou qu'on n'a pas voulu me dire. On a toujours soin de bien préparer la terre par des labours à la houe, et souvent on y met un peu de fumier.

Les thés s'obtiennent facilement de semis qui se font ordinairement dans les mois de janvier, février et mars. Lorsque la graine est suffisamment mûre on la sème immédiatement, ou très peu de temps après avoir été récoltée, car elle perd promptement sa faculté germinative. Les thés produisent une telle quantité de fleurs et de fruits qu'il s'échappe de ceux-ci beaucoup de graines qui germent sous les vieux pieds, et qui servent à alimenter les plantations. Celles-ci sont ordinairement disposées en quinconce, les arbustes étant distancés entre eux d'environ un mètre, afin de faciliter la cueillette des feuilles. Quelques agriculteurs plantent en lignes très espacées, et ils cultivent dans les intervalles du maïs ou d'autres plantes économiques.

Quoique la récolte du thé puisse avoir lieu pendant presque toute l'année, c'est dans les mois d'octobre, novembre, décembre, janvier et février qu'elle est dans la plus grande activité. On emploie pour la cueillette de la feuille des nègres esclaves, souvent des enfans qui coupent avec l'ongle les feuilles les plus tendres et les extrémités des jeunes bourgeons. Le travail de ces esclaves est plus ou moins expéditif; mais il est toujours très coûteux, comparativement au prix auquel un pareil travail reviendrait en Europe. On m'a assuré que la journée d'un nègre coûte à son maître environ deux francs, si on fait entrer dans ce compte, outre la nourriture et le vêtement, l'intérêt du prix d'achat et les chances de mortalité. — On estime qu'un bon travailleur peut cueillir jusqu'à sept à huit kilogrammes de feuilles par jour. Il est de règle générale qu'un plant de thé doit avoir trois ans avant qu'on commence à récolter les feuilles; néanmoins cette règle doit être modifiée selon la vigueur des arbustes. La plupart des cultivateurs, et c'est ainsi que j'ai vu opérer, mêlent toutes les feuilles de la même cueillette pour en préparer les diverses sortes de thé; mais on m'a assuré qu'il était plus avantageux pour les produits de trier ces feuilles, ce qui se fait en les étendant sur une table, et séparant les plus tendres qui servent à préparer le *thé Impérial*, des plus dures dont on fait le *thé Hyson* et les autres variétés commerciales. La cueillette des feuilles se fait le soir et dans la matinée du jour où l'on se dispose à leur faire subir les préparations de l'enroulement et de la dessiccation.

Ayant décrit avec assez de détail, dans le cours de la narration qui précède, les opérations qu'exige le thé pour être amené à l'état de denrée commerciale, je me contenterai de récapituler sommairement ces opérations, me proposant d'ailleurs de faire connaître plus amplement les détails de culture et de fabrication, dans un mémoire inédit de feu Jose Arouche de Toledo Rendon, dont je publierai incessamment la traduction.

La première opération consiste à faire *cuire* convenablement les feuilles. Pour cela on les expose dans une bassine ou terrine très évasée, en fer bien poli, placée sur un fourneau en maçonnerie, et sous laquelle on allume un feu très vif. On reconnaît le point de coction lorsque les feuilles ont acquis une consistance molle et qu'elles peuvent enrouler en boulettes sans se déformer. Alors on procède à la seconde opération qui a pour but l'expression du suc âcre verdâtre, et conséquemment l'enroulement de la feuille. Elle s'effectue en malaxant les feuilles sur des nattes en bambous à mailles larges et à arrêtes ou angles vifs. Ces tas de feuilles sont retournés dans tous les sens, afin de faire prendre à chaque feuille un parfait enroulement. La durée de ce travail dure environ une demi-heure. Dans une troisième opération on replace les feuilles sur le feu, toujours dans les mêmes bassines, et on les agite sans cesse avec la main, en les faisant sauter et voltiger pour accéler la dessiccation. Il faut avoir soin de ne pas laisser adhérer au fond du vase les feuilles de peur qu'elles ne brûlent et noircissent. Pendant la dessiccation il s'échappe beaucoup de poussière qui n'est autre chose que le duvet cotonneux provenant des poils fins, dont les feuilles sont couvertes naturellement. On enlève au moyen d'une brosse, ce duvet cotonneux qui s'attache aux bords de la bassine. Quand la dessiccation est achevée, on procède à la quatrième opération qui consiste à retirer le thé des bassines, et à le soumettre au criblage dans des espèces de tamis en bambous pourvus de trous de diverses grandeurs. On se sert d'abord de tamis assez fins, dont tous les trous laissent passer les feuilles les mieux roulées, c'est-à-dire, celles qui étaient les plus tendres et qui formaient les extrémités des jeunes bourgeons. Le thé qui provient de ce premier criblage est le *thé Impérial* ou *thé Uchin*. On le vanne pour en séparer les feuilles non roulées que l'on enlève soigneusement. On remet le résidu dans les bassines, et on lui fait subir un léger coup de feu. On crible dans un tamis à mailles un peu plus lâches que celui dont ont s'est servi en premier lieu. Le produit de ce criblage et du vannage est le *thé Hyson fin.* La même opération successivement répétée fait obtenir les *thés Hyson commun* et *Hyson grossier* du commerce. Enfin le résidu définitif et qui se compose de feuilles qui ont refusé de se rouler, constitue les *thés* dits *de Famille,* que l'on distingue encore en deux variétés sous les noms de *Chato* et de *Chuto.*

Ainsi les diverses sortes de thés du Brésil s'obtiennent toutes des feuilles de la même cueillette, et leurs différences ne proviennent que des tamisages et des vannages successifs.

La couleur grise plombée du thé est due à une légère torréfaction qu'on lui fait subir avant de le renfermer dans des boîtes, que l'on conserve à l'abri de l'air humide et de la lumière.

Le thé exhale immédiatement après sa dessiccation une odeur herbacée qui n'est pas agréable. Au bout d'un certain temps, il acquiert un arome particulier qui se développe de plus en plus, et ce n'est qu'après un an, et même davantage, qu'il est bon à être employé. Les Brésiliens n'aromatisent pas leurs thés, parce qu'ils ignorent les procédés employés à cet effet par les Chinois. Ils prétendent que l'odeur du bon thé lui est naturelle, et ils condamnent les moyens artificiels que l'on dit être employés pour aromatiser les diverses sortes qui viennent de la Chine. Cependant ils possèdent dans leurs jardins l'*Olea fragrans* et le *Camellia Sesanqua,* que depuis long-temps on a signalés comme les arbustes employés par les Chinois pour donner une odeur agréable à leurs thés. Les fleurs de l'*Olea fragrans* exhalent un parfum délicieux ; je ne conserve maintenant aucun doute que ces fleurs ne jouent un grand rôle dans l'aromatisation des thés chinois, sans pourtant nier que la qualité du thé peut dépendre beaucoup non seulement de l'arbuste lui-même qui le fournit, mais encore des soins qu'on apporte dans la préparation de la feuille. Je n'ai pas jugé nécessaire de rapporter du Brésil l'*Olea fragrans*, parce que je savais qu'on le cultivait en France dans les jardins des amateurs d'horticulture. Quant au *Camellia sesanqua*, c'est sans doute par erreur qu'on l'a signalé comme propre à aromatiser le thé; car il n'y a rien dans cet arbuste qui soit aromatique. Ses rapports de ressemblance avec le thé ont peut-être pu faire substituer en certaines occasions ses feuilles à celles du thé.

CONSÉQUENCES DES OBSERVATIONS PRÉCÉDENTES POUR LA CULTURE DU THÉ EN FRANCE.

De mes observations sur le climat, le sol et l'exposition des cultures de thé au Brésil, je peux, avec une certaine confiance, conclure, par analogie, que les contrées chaudes du midi de la France, de la Corse et de l'Algérie sont éminemment propres à l'introduction de la culture du thé. Les terrains argileux, ferrugineux, l'exposition sur le penchant des collines lui conviendront mieux que les terres légères et les plaines. Comme on ne peut pas espérer que cette culture puisse acquérir une extension très considérable, il faudra choisir les localités montueuses, d'un rapport jusqu'ici peu avantageux pour l'agriculture, et surtout s'enquérir avec exactitude si le prix de la main-d'œuvre n'y est pas trop élevé. J'ai parlé dans ma narration de la possibilité qu'il y aurait de tenter la culture du thé dans les départemens de l'ancienne Bretagne. J'insiste de nouveau sur cette idée, par la raison que le climat humide de ce pays exerce une influence très favorable au développement des feuilles de plusieurs arbustes analogues aux thés. Ainsi les camellias passent l'hiver en pleine terre dans diverses localités du département du Finistère où ils se font remarquer par leur beau feuillage. Il en est de même des arbres et arbustes du midi de l'Europe et de l'Amérique septentrionale, comme les *Rhododendron*, les *Arbutus*, les *alaternes*, le *figuier*, l'*olivier* même (qui à la vérité n'y fructifie pas), qu'on y a en quelque sorte acclimatés. La plus forte objection qu'on pourrait faire contre la culture du thé en Bretagne, serait tirée de l'état pluvieux de l'atmosphère pendant les courts étés de cette région occidentale, et qui ne permettrait peut-être pas de faire comme dans le midi des cueillettes assez fréquentes pour une exploitation avantageuse. Néanmoins ce serait une expérience à faire, surtout si on confiait la direction des cultures de thés à des hommes intelligens du pays, et, sous ce rapport, je signalerai particulièrement à votre attention M. Paugam, jardinier de l'hôpital de la Marine à Brest, qui s'est rendu recommandable par de grandes améliorations agricoles qu'il a faites dans le pays. Il serait facile de se procurer, par les navires de guerre qui reviennent de Rio-de-Janeiro, une grande quantité de nouveaux plants et de graines de thé, en employant les moyens que j'ai indiqués. Ces plants pourraient être distribués immédiatement aux agriculteurs de la Bretagne, et même à ceux qui habitent les départemens riverains de la Loire, où la culture du thé a été essayée avec succès, mais sur une trop petite échelle.

La culture et la préparation du thé peuvent-elles fournir en ce moment une branche d'industrie agricole avantageuse pour la France ? Cette grave question, que j'aborde ici par anticipation, me semble encore loin d'être résolue, parce que sa solution est subordonnée à des conditions qu'il est très difficile d'établir avec exactitude, savoir : la quotité des produits et définitivement le prix de revient de la marchandise. Au Brésil où, comme je l'annonce dans ce rapport, la culture de l'arbuste a parfaitement réussi, où la récolte de la feuille a lieu pendant presque toute l'année sans interruption, où la qualité, à part l'arome (que l'on a lieu de croire produit artificiellement), n'est pas inférieure à celle des meilleurs thés de la Chine , les cultivateurs n'ont pas réalisé de grands bénéfices. Ils ont fabriqué une immense quantité de thé, à en juger par celui que j'ai vu dans les magasins de Saint-Paul, mais ils ne peuvent pas le livrer au dessous de 2,000 reis (environ 6 fr.) le demi-kilogramme, prix supérieur à celui du thé chinois de pareille qualité. Aussi le commerce de cette dernière marchandise est-il encore très actif à Rio-de-Janeiro, par des navires qui viennent directement de la Chine ou indirectement par les États-Unis. Mais si nous ne devons pas espérer être plus heureux que les Brésiliens sous le rapport de la quantité des produits, nous pouvons être assurés que la culture de l'arbuste réussira aussi bien qu'au Brésil dans les départemens méridionaux et jusque dans le nord-ouest de la France; qu'elle y recevra des améliorations qui augmenteront les produits; que l'abaissement du prix de la main-d'œuvre dans plusieurs localités fera aussi baisser le prix de revient du thé; que les frais de fabrication pourront également subir de notables diminutions, par l'adoption de procédés plus économiques; enfin que si l'on arrive à donner au thé de France le parfum qui distingue si éminemment celui de la Chine, il n'y a point de doute qu'il ne soutienne avec celui-ci une concurrence avantageuse, surtout s'il survenait une guerre maritime ou telle autre perturbation dans l'état actuel des affaires commerciales, contre laquelle on doit toujours être en garde au sein même de la tranquillité la plus durable en apparence. Quels que soient les événemens futurs, la culture du thé doit être tentée en France avec circonspection, et comme elle ne causera aucun préjudice aux autres opérations agricoles, parce qu'elle sera toujours restreinte à des localités spéciales et peu favorables à d'autres productions, je pense qu'elle mérite la continuation des encouragemens et de la faveur du gouvernement.

FIN.

IMPRIMERIE DE MAULDE ET RENOU,
RUE BAILLEUL, 9 ET 11, PRÈS DU LOUVRE.